Kennedy Danga

Análise dos factores que afectam o crescimento do sector da horticultura no Quénia

Kennedy Danga

Análise dos factores que afectam o crescimento do sector da horticultura no Quénia

ScienciaScripts

Imprint
Any brand names and product names mentioned in this book are subject to trademark, brand or patent protection and are trademarks or registered trademarks of their respective holders. The use of brand names, product names, common names, trade names, product descriptions etc. even without a particular marking in this work is in no way to be construed to mean that such names may be regarded as unrestricted in respect of trademark and brand protection legislation and could thus be used by anyone.

Cover image: www.ingimage.com

This book is a translation from the original published under ISBN 978-3-330-65025-1.

Publisher:
Sciencia Scripts
is a trademark of
Dodo Books Indian Ocean Ltd. and OmniScriptum S.R.L publishing group

120 High Road, East Finchley, London, N2 9ED, United Kingdom
Str. Armeneasca 28/1, office 1, Chisinau MD-2012, Republic of Moldova, Europe
Printed at: see last page
ISBN: 978-620-8-12806-7

Resumo

Este estudo baseia-se numa população de 681 agricultores. O investigador optou por 10% da população acessível para permitir um tamanho de amostra manejável que foi considerado mais exato para recolher as informações necessárias. Assim, 68 agricultores foram selecionados de entre os inquiridos acessíveis para representar a totalidade da população. Os questionários auto-preenchidos foram utilizados como instrumento de recolha de dados. Os resultados da investigação foram os seguintes: A maioria dos inquiridos tinha 45 anos ou mais. Em segundo lugar, a maior parte deles abandonou a quarta classe e a escola primária devido à falta de propinas para frequentar o nível de ensino seguinte. Em terceiro lugar, a maioria dos inquiridos concordou com a afirmação de que a falta de crédito, a falta de capital inicial que permitiria aos agricultores utilizar terras não utilizadas, a falta de um mercado pronto e a falta de conhecimentos agrícolas básicos impediam o crescimento da horticultura no Quénia. Por outro lado, a maioria dos inquiridos discordou de que a perceção e a falta de lucratividade impedem o crescimento da horticultura. O governo deveria oferecer incentivos aos jovens e às mulheres para os encorajar a dedicarem-se à horticultura.

Horticultura, para que a agricultura não seja deixada nas mãos do agricultores mais velhos e envelhecidos. O governo e as ONG devem oferecer programas de incentivo, tais como capital e empréstimos, para que os agricultores possam investir na agricultura e comprar equipamento agrícola moderno. Para resolver o problema da falta de mercado, tanto o governo estatal como os governos distritais devem assegurar que todos os agricultores tenham acesso a informação sobre o mercado no estrangeiro e no país. O governo estadual deve estabelecer fábricas de processamento para processar o excedente de produtos agrícolas e aumentar o valor desses produtos. Por último, ambos os governos devem introduzir uma política em que a terra não seja deixada por utilizar, especialmente em áreas onde a horticultura pode ser praticada, e fornecer capital inicial para os agricultores investirem e cultivarem nesta terra não utilizada.

Palavras-chave: condicionalismos económicos, condicionalismos sociais, condicionalismos ambientais, horticultura, tecnologia hortícola moderna.

CAPÍTULO 1

INTRODUÇÃO

1.0 Introdução

Este capítulo explica os antecedentes do estudo, a definição do problema, os objectivos, as questões de investigação e as limitações. Explica também a importância deste estudo e examina os factores que influenciam o crescimento do sector da horticultura no Quénia

1.1 Antecedentes do estudo

Ao longo dos anos, a água da chuva tem-se tornado cada vez mais escassa e menos fiável em muitas partes do mundo, incluindo o Quénia. Isto deve-se à destruição da camada de ozono, que está a ser destruída pelos gases com efeito de estufa. Este efeito distorceu o padrão climático global, tornando a precipitação imprevisível. O Quénia, tal como todas as partes de África e do mundo, é afetado pelos efeitos das alterações climáticas e pelo aumento da seca. Este facto levou as pessoas a considerar novas tecnologias agrícolas, uma vez que a agricultura de sequeiro deixou de funcionar.

A falta de fiabilidade da precipitação tornou a fome no mundo um desafio e ameaça a vida de muitas pessoas em todo o mundo, especialmente na maior parte de África, numa altura em que a população está a crescer. Por conseguinte, a horticultura continua a ser o único caminho a seguir para uma boa agricultura. Isto implica a utilização de um sistema de irrigação gota a gota num campo aberto ou numa estufa. Este método de cultivo provou o seu valor em Israel e no Egito, que, tal como o nosso país, são afectados pela seca e pela estiagem. É também uma boa forma de praticar uma agricultura sustentável que produz rendimentos de alta qualidade, conservando simultaneamente a água e o solo, para que a nossa geração futura possa usufruir dos mesmos recursos. De acordo com os agricultores que praticam a horticultura, esta mudou as suas vidas, uma vez que ganham muito dinheiro e podem agora levar uma vida digna. Continua a ser o único método agrícola que os agricultores podem utilizar para ultrapassar os efeitos das alterações climáticas, que tiveram um impacto negativo na agricultura e na segurança alimentar no mundo. Em segundo lugar, é um bom método através do qual os proprietários de terras podem ser compensados pelo valor do seu dinheiro, porque os maus métodos agrícolas convencionais fizeram com que os agricultores perdessem dinheiro e não conseguissem gerar rendimentos suficientes para utilizar os recursos da terra. Este facto obrigou os agricultores a venderem as suas terras ou a convertê-las de agricultura em bens imobiliários, o que permite um rendimento mais elevado. Por conseguinte, a horticultura continua a ser o único método agrícola em que os agricultores podem obter o mesmo rendimento pelo valor das suas terras.

Este tipo de agricultura ainda tem alguns problemas no nosso país, onde a maioria da população é jovem e representa mais de 60% da população. A literatura parte do princípio de que os jovens podem aplicar este método de forma eficaz e eficiente. Em segundo lugar, muitos agricultores têm dificuldade em obter a informação correta sobre a qualidade das sementes, os agroquímicos, um bom sistema de irrigação por gotejamento e estufas. Isto deve-se ao facto de a maior parte da agricultura ser praticada em zonas rurais, onde a maioria dos agregados familiares não dispõe de eletricidade nem de cabos de fibra ótica, o que dificulta o acesso à Internet, que é a fonte de informação hoje em dia. Em terceiro lugar, é problemático o facto de o investimento em tecnologias hortícolas exigir um capital mais avultado, que a maioria dos agricultores raramente pode pagar, pelo que poucos agricultores que têm acesso ao crédito podem aproveitá-lo e comprar o equipamento de que necessitam. Por último, as más políticas fundiárias do país conduziram a uma má gestão das terras; ou estas foram cortadas em pedaços improdutivos ou deixadas em pousio. Se estas terras não utilizadas forem convertidas num bom sistema agrícola, o nosso crescimento económico pode aumentar, se não duplicar.

Um sector hortícola bem implantado no país impulsionará as nossas exportações porque produziremos mais do que o suficiente e exportaremos o excedente para outros países, ganhando mais divisas. O nosso sector agrícola também criará mais empregos para os nossos jovens e garantirá a segurança alimentar, que se tornou uma ameaça para o nosso país. A pobreza será uma coisa do passado, uma vez que a maioria das pessoas beneficiará direta ou indiretamente deste sector.

1.2 Descrição do problema

A horticultura é a única forma de alcançar a segurança alimentar, criar postos de trabalho para os nossos jovens desempregados, erradicar a pobreza, assegurar o crescimento económico do nosso PNB e, ao mesmo tempo, ter uma economia agrícola sustentável que nos permita produzir rendimentos de qualidade, conservando simultaneamente a água e o solo, para que as gerações futuras possam também usufruir desses recursos. Nenhum país pode desenvolver-se sem uma segurança alimentar adequada, mesmo os países do primeiro mundo, como a Grã-Bretanha e a América, estão a cultivar primeiro, antes de pensarem na industrialização. Utilizando tecnologias hortícolas modernas, poderemos concretizar a Visão 2030.

Os agricultores que querem embarcar neste projeto ainda enfrentam muitos desafios. Alguns deles incluem políticas governamentais inadequadas, a atitude dos jovens em relação à agricultura, a falta de capital para investir na agricultura e a falta de informação sobre onde encontrar produtos de qualidade, tais como sementes híbridas, fertilizantes agroquímicos, sistemas de gotejamento e estufas. O objetivo deste estudo foi investigar os factores que influenciam o crescimento do sector hortícola no Quénia. Este estudo mediu diversas variáveis que foram consideradas factores importantes para a horticultura. Além disso, foram desenvolvidas medidas políticas para promover a horticultura no Quénia.

1.3 Objetivo principal do estudo

O objetivo do projeto era analisar os factores que afectam o crescimento do sector hortícola no Quénia e a forma como esses problemas poderiam ser resolvidos.

1.3.1 Objetivo específico

a. Devem ser identificados os principais condicionalismos económicos que afectam o crescimento do sector hortícola.

b. Devem ser identificados alguns factores sociais que afectam o crescimento da horticultura. **c.** Deverá tentar-se descobrir quais as condições ambientais que impedem o crescimento.

1.4 Questões de investigação

1. Os condicionalismos económicos influenciam o crescimento da Horticultura?

2. Os condicionalismos sociais influenciam o crescimento da horticultura e da

desencorajam os agricultores de se dedicarem à horticultura?

3. Os factores ambientais têm um impacto sobre os participantes na horticultura?

1.5 A importância do estudo

O estudo foi importante para a população de Rarieda e para o país em geral, bem como para todas as outras organizações interessadas em vender ou entrar na horticultura. Os agricultores podem utilizar os resultados deste estudo para se aperceberem da importância da horticultura para a economia do nosso país. Por exemplo, os agricultores podem tornar-se trabalhadores por conta própria para obterem um rendimento e tornarem-se auto-suficientes. Tanto o governo nacional como os governos regionais podem utilizar este estudo para saber mais sobre os factores que dificultam a horticultura e como podem utilizá-los em benefício do país. Outras partes interessadas, como as organizações não governamentais, também podem utilizar o estudo para aumentar os seus conhecimentos sobre a horticultura no país.

1.6 Âmbito do estudo

O estudo foi efectuado no distrito de Rarieda, no Lago Vitória. Cerca de 68 agricultores foram selecionados aleatoriamente de uma população de 681 agricultores.

1.7 Limitações do estudo

Os dados e informações disponíveis em organizações como a Amiran e a Horticultural Crops Development Authority (HCDA) não puderam ser realmente utilizados, uma vez que os agricultores não tinham conhecimento da existência dessas organizações e não estavam dispostos a fornecer-lhes os dados. Por conseguinte, este estudo baseou-se no contacto direto com os agricultores para obter os dados e informações corretos através da observação e de questionários.

CAPÍTULO 2
REVISÃO DA LITERATURA

2.0 Introdução

Este capítulo fornece ao leitor um resumo da literatura, uma visão geral teórica e uma explicação do quadro teórico e concetual do problema em investigação, bem como uma visão empírica e um quadro concetual do estudo.

2.1 Resumo da revisão da literatura

A literatura disponível indica que a agricultura continua a ser um sector-chave no qual o excedente de mão de obra jovem desempregada em África pode ser empregue. A agricultura desempenha atualmente um papel importante na vida de muitos jovens e espera-se que continue a desempenhar esse papel nas próximas décadas (FAC (2010)). Há muitos factores que influenciam o envolvimento dos jovens na horticultura. Tanto os factores de "empurrar" como os de "puxar" desempenham um papel na decisão de migrar, segundo Lewis (1954) e Harris e Todaro (1970). Os factores de pressão incluem a diminuição dos recursos nacionais, o aumento dos custos dos serviços sociais, a perda de emprego, preocupações religiosas, étnicas ou políticas opressivas, a alienação da comunidade, a falta de oportunidades de desenvolvimento pessoal e/ou o impacto de catástrofes naturais. Os "factores de atração" são a probabilidade de melhores oportunidades de emprego, bons estabelecimentos de ensino, oportunidades diversificadas e melhores actividades de lazer. Bogue, (1969). Num estudo empírico realizado por Adekunle *et al.* (2006), as facilidades de crédito inadequadas, a falta de seguros agrícolas, os baixos retornos dos investimentos agrícolas, a falta de competências agrícolas básicas e a falta de acesso a tractores e outros insumos agrícolas são citados como os principais obstáculos à participação dos jovens na agricultura.

Para atrair ainda mais os jovens para a agricultura, as agências de apoio à agricultura devem envidar esforços específicos para tornar disponíveis e acessíveis insumos como boas sementes, fertilizantes, mecanização básica e informações sobre o mercado agrícola Mbeine (2012). Jong-Dae (2012) argumenta que o crescimento populacional muito elevado e a proporção crescente de jovens na população não devem ser vistos como um fardo, mas sim como uma vantagem para a transformação da agricultura do Uganda Os jovens possuem competências únicas (dinamismo, força, aventureirismo, ambição) e estas são uma vantagem para a agricultura Nnadi e Akwiwu (2008). Os jovens são a parte mais ativa da população e o motor que realiza a maior parte do trabalho produtivo na sociedade Adesope (1996). Os jovens foram também identificados como a base de recursos mais importante para qualquer país que pretenda lançar projectos significativos de desenvolvimento agrícola e rural Onuekwusi (2005).

2.2 Panorama teórico

A investigação analisou algumas teorias apresentadas por vários cientistas sobre o declínio do crescimento agrícola, que está relacionado com a investigação do presente estudo, e também forneceu informações importantes para o estudo e ajudou o investigador a determinar várias variáveis que influenciam o envolvimento dos Framers no crescimento hortícola.

As teorias aqui discutidas são as teorias "push" e "pull", que duelam principalmente com a teoria do fenómeno migratório, que associa o declínio da participação dos agricultores na produção agrícola à migração rural-urbana. Tanto os factores "push" como "pull" desempenham um papel na decisão de migrar Lewis (1954); Harris e Todaro (1970). Os factores de pressão incluem a diminuição dos recursos nacionais, o aumento dos custos das comodidades sociais, a perda de emprego, preocupações religiosas, étnicas ou políticas opressivas, a alienação da comunidade, a falta de oportunidades de desenvolvimento pessoal e/ou o impacto das catástrofes naturais. Os "factores de atração" são a probabilidade de melhores oportunidades de emprego, bons estabelecimentos de ensino, diversas oportunidades de casamento e melhores actividades de lazer. Bogue, (1969). A falta de incentivos e o trabalho árduo são algumas das razões que explicam o desinteresse dos agricultores pela atividade agrícola FIDA, (2011). A FAC (2010) salienta os actuais esforços limitados da maioria dos governos para envolver os jovens na agricultura e orientá-los para a compreensão dos seus problemas e para a procura de soluções plausíveis para os ultrapassar.

Uma vez que a agricultura tradicional se baseia na enxada manual e noutros instrumentos rudimentares, a agricultura de subsistência não é interessante nem atractiva para os jovens. As condições não melhoradas na agricultura do Uganda tornaram a agricultura pouco atractiva para os jovens, Youth in Farming, (2011). Surinam (2011) salienta ainda que a má imagem dos que trabalham na agricultura tem de ser alterada e que os jovens são os catalisadores ideais para essa mudança, uma vez que estão mais dispostos a adotar novas ideias, conceitos e tecnologias que são fundamentais para mudar a forma como a agricultura é praticada e percebida.

No entanto, a tendência atual é que muitos jovens abandonem a agricultura por várias razões, apesar do aumento do apoio governamental: Os jovens vêem a agricultura como uma atividade de mão de obra intensiva que não é rentável e não pode proporcionar uma vida em comparação com os empregos de colarinho branco, Youth in Farming (2011).

2.3 Quadro teórico

Fig. 2.1 Quadro teórico

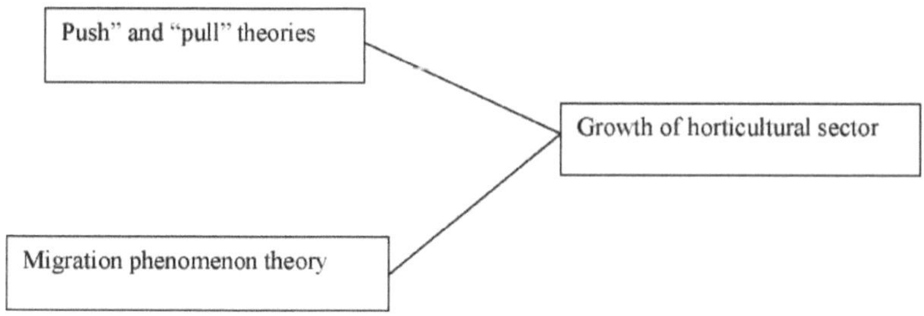

Fonte: autor (2016)

2.4 Análise empírica

Akpan (2010) salienta que alguns estudos empíricos concluíram que os factores económicos de pressão (como a falta de crédito rural, o desemprego rural e a pobreza) são mais importantes, enquanto os factores económicos de atração (como a perceção dos salários elevados do emprego urbano) dominam. Esta predisposição é utilizada para explicar por que razão a participação dos jovens na agricultura está a diminuir no Uganda.

Adekunle *et al* (2006) citam as facilidades de crédito inadequadas, a falta de seguros agrícolas, os baixos rendimentos dos investimentos agrícolas, a falta de competências agrícolas básicas e a falta de acesso a tractores e outros insumos agrícolas como os principais obstáculos à participação dos jovens na agricultura. Em termos de caraterísticas individuais, alguns autores, por exemplo Sharma (2007), concluíram que o ensino superior e um maior número de competências conduzem a uma maior probabilidade de abandonar a agricultura. Uma vez que a agricultura tradicional se baseia na enxada manual e noutros instrumentos rudimentares, a agricultura de subsistência não é interessante nem atractiva para os jovens. As condições não melhoradas na agricultura do Uganda tornaram a agricultura pouco atractiva para os jovens, Youth in Farming, (2011).

Estes factores foram identificados principalmente através de inquéritos (Adekunle et al., 2009). A revisão da literatura revela que existem factores económicos, sociais e ambientais que limitam a participação dos jovens rurais na produção agrícola na Nigéria. Os factores económicos incluem facilidades de crédito inadequadas, margens de lucro baixas na agricultura e falta de seguros agrícolas, capital de arranque e factores de produção. Os factores sociais incluem a perceção pública da agricultura e a influência dos pais para abandonar a atividade agrícola. Os problemas ambientais incluem a insuficiência de terras, a persistência de más colheitas e a degradação das terras. Estas conclusões são largamente coerentes com os resultados das entrevistas realizadas com líderes juvenis selecionados. Os resultados também mostram que as restrições económicas parecem ser o fator mais importante.

2.5 Quadro concetual

Fig. 2.2 Quadro concetual

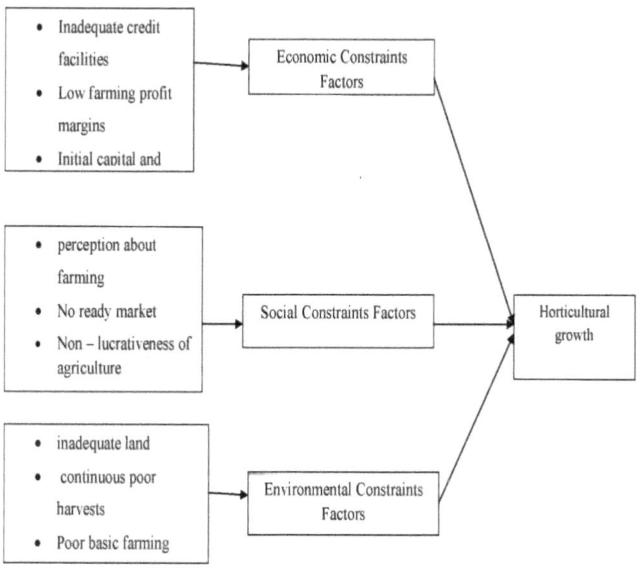

Fonte: autor, (2016)

CAPÍTULO 3
METODOLOGIA DE INVESTIGAÇÃO

3.0 Introdução

Este capítulo aborda a metodologia de investigação, analisando a conceção da investigação, a população-alvo, a conceção da amostragem, a recolha e a apresentação dos dados.

3.1 Conceção da investigação

Bryman, A. (2001), definiu a conceção da investigação como o esquema, esboço ou plano utilizado para encontrar respostas para o problema de investigação. Neste estudo, foi utilizada uma conceção de investigação descritiva. Este tipo de investigação é adequado porque permite uma compreensão e uma interpretação gerais do problema e descreve a situação num determinado momento. Uma das principais caraterísticas do método descritivo é fornecer informações sobre as caraterísticas de uma população ou de um fenómeno.

3.2 População-alvo

Mugenda A. G. (2008) descreve a população como um grupo completo de indivíduos ou objectos com as mesmas caraterísticas comuns aos quais o investigador pretende generalizar o resultado do estudo.

Estudo. Este estudo foi efectuado no distrito de Rarieda, na costa de Lago Vitória com uma população-alvo de 681 agricultores.

Quadro 3.1 População de agricultores

Classification	**Population**
Farmers with green house	81
Seasonal farmers with no irrigation	359
Farrows irrigation farmers (open farming)	241
Total Population	**681**

Fonte: autor, (2016)

3.3 Tamanho da amostra

De acordo com Cooper D. R., & Schindler, P. S. (2006), uma amostra é uma pequena parte do estudo que é selecionada de modo a que a estatística da amostra represente toda a população. Neste estudo, a dimensão da amostra depende do número de variáveis em estudo. Neste estudo, o investigador optou por 10% da população acessível para permitir um tamanho de amostra manejável que fosse mais exato para recolher as informações necessárias. O quadro abaixo apresenta 68 agricultores dos inquiridos acessíveis que foram selecionados para representar toda a população. Foi utilizado o método de amostragem aleatória porque os agricultores utilizam métodos agrícolas diferentes em função dos seus rácios de capital. Este estudo classifica os agricultores como se mostra abaixo, utilizando o método de amostragem aleatória.

Quadro 3.2 Amostragem

Classification	Population	Sample
Farmers with green house	80	8
Seasonal farmers with no irrigation	360	36
Farrows irrigation farmers (open farming)	240	24
Total Population	480	68

Fonte: autor, (2016)

3.4 Métodos de recolha de dados

Neste estudo, o investigador utilizou dados primários para recolher as informações exactas necessárias para este estudo. Este método era o mais económico, exigia pouco tempo de administração e permitia uma recolha de dados extensiva. Para a recolha de dados primários, o investigador utilizou questionários, que ele próprio administrou e distribuiu aos agricultores (amostras) durante o estudo, recolhendo-os apenas alguns dias depois. A vantagem foi que o investigador apresentou pessoalmente os inquiridos e explicou-lhes a importância do estudo. O investigador também explicou os questionários aos inquiridos e esclareceu quaisquer dúvidas ou questões que pudessem surgir.

3.5 Análise e apresentação dos dados.

Os dados recolhidos foram cuidadosamente analisados antes de serem apresentados. Os dados recolhidos foram preparados, tabulados, classificados e apresentados em tabelas e gráficos. O principal objetivo era ajudar os utilizadores do estudo a compreender todas as informações e factos recolhidos de uma forma eficaz.

CAPÍTULO 4
ANÁLISE E APRESENTAÇÃO DE DADOS

4.1 Apresentações

Este capítulo discute a análise dos dados recolhidos durante o estudo no distrito de Rarieda; os dados foram interpretados em relação ao objetivo e às questões de investigação. Os dados foram analisados utilizando ferramentas estatísticas descritivas, tais como quadros e gráficos, e foram tiradas conclusões com base nos resultados da investigação.

4.2 Análise da taxa de resposta

Os dados foram obtidos a partir de questionários estruturais que foram entregues aos inquiridos. A Tabela 4.1 mostra o número total do grupo de amostra selecionado da população. Todos os questionários foram devolvidos.

Quadro 4.1 Análise da taxa de resposta

Classification	Population	Sample	percentage
Farmers with green house	81	8	100
Seasonal farmers with no irrigation	359	36	100
Farrows irrigation farmers (open farming)	241	24	100
Total Population	**681**	**68**	**100**

Fonte (Autor, 2016)

4.3 Análise quantitativa

A investigação descritiva foi utilizada neste estudo porque descreve a situação da população em estudo tal como ela existe, e não a sua causa. Por conseguinte, era desejável utilizar a investigação descritiva porque fornece uma descrição sistemática que é tão factual e exacta quanto possível.

4.3.1 Representação dos sexos

Gender	Frequency	Percentages
Female	44	65
Male	24	35
Total	**68**	**100**

Quadro 4.2 Representação dos géneros

Fonte: autor, (2016)

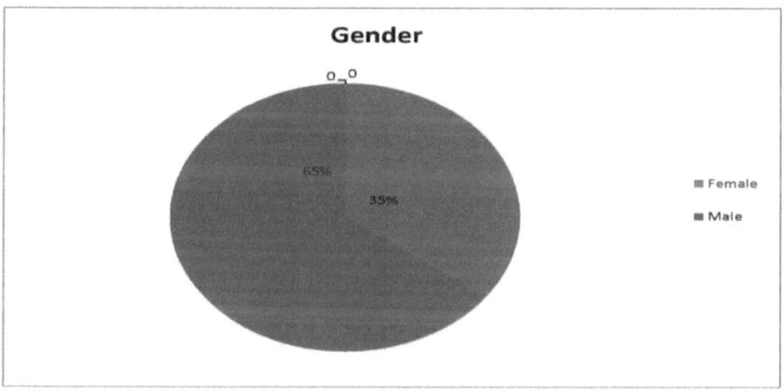

Fig. 4.2 Representação do género

Fonte: autor, (2016)

A maioria dos inquiridos era do sexo masculino e teve uma taxa de resposta de 65%, em comparação com as mulheres, que tiveram uma taxa de 35%. As mulheres não se envergonhavam de praticar a agricultura porque a maioria estava mais interessada em vender os produtos da quinta no mercado do que em praticar a agricultura.

4.3.2 Resumo dos inquiridos por idade

Quadro 4.3 Inquiridos por idade

Age In Years	Frequency	Percentage
18—25	8	12
26—35	12	18
36—45	14	20
45 and above	34	50
Total	68	100

Fonte: autor, (2016)

Fig. 4.3 Inquiridos por idade

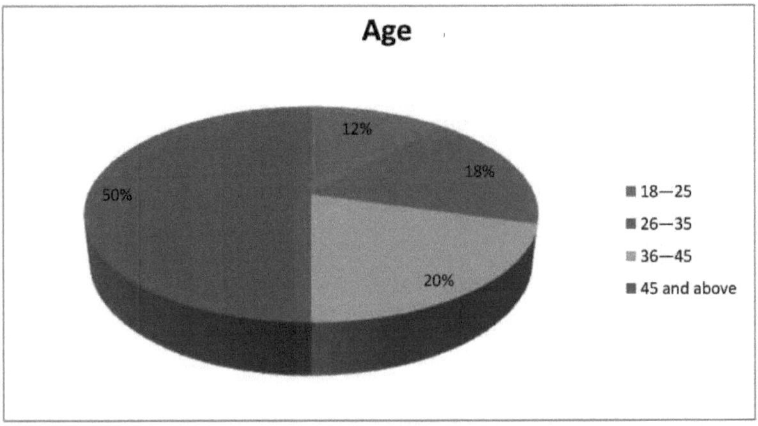

Fonte: autor, (2016)

A maioria dos inquiridos tinha 45 anos ou mais, o que representa 50 %, seguidos da faixa etária 36-45 anos, que representa 20 %. Isto significa que a maioria dos agricultores são de meia-idade, mas não jovens. Esta situação

Isto pode dever-se ao facto de a perceção e a atitude dos jovens em relação à agricultura não serem boas e de a maioria deles ainda estar à procura de emprego na cidade.

4.3.3 Resposta ao número de anos na agricultura

Quadro 4.4 Respostas sobre o número de anos na agricultura

Years	Frequency	Percentage
0 – 6	40	59
6 – 10	17	25
11 – 14	8	12
15 – 20	3	4
Total	**68**	**100**

Fonte: autor, (2016)

Fig. 4.4 Resposta ao número de anos em que a agricultura é praticada

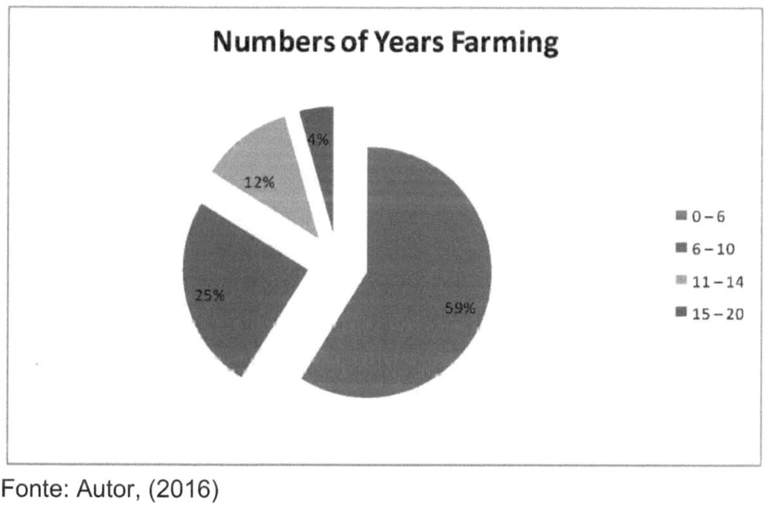

Fonte: Autor, (2016)

Os dados mostram que a maioria dos inquiridos entre os 0 e os 6 anos praticava a agricultura, o que corresponde a 59%. Isto pode ser devido ao impacto do jacinto de água no lago, que fez com que a maioria dos inquiridos mudasse da pesca para a horticultura, uma vez que perturbou as áreas de reprodução de peixes no lago. Outro fator foi que o estrangulamento do stock de peixe no lago levou muitas pessoas a optar pela horticultura como fonte de rendimento numa comunidade onde a pesca era a fonte de subsistência. Finalmente, a mudança nas condições climatéricas e a falta de fiabilidade da chuva levaram algumas pessoas a aventurarem-se na horticultura em vez de esperarem pela chuva imprevisível.

4.3.4 Nível de educação

Quadro 4.5 Resumo do nível de educação

Level of Education	Frequency	Percentage
Primary	16	23
Secondary	40	59
College	8	12
University	4	6
Total	**68**	**100**

Fonte: autor, (2016)

Fig. 4.5 Resumo do nível de educação

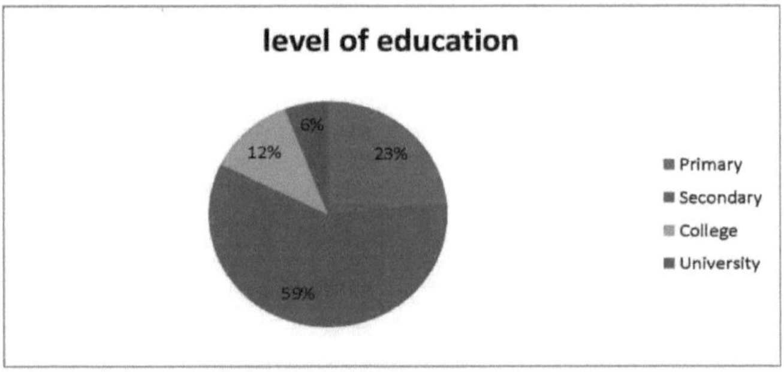

O resumo significa essencialmente que todos os inquiridos eram do quarto ano, o que representava 59% dos inquiridos, seguido do abandono escolar primário, que representava 23%. Isto sugere que a falta de propinas para frequentar o nível de ensino seguinte pode tê-los forçado a dedicarem-se à horticultura para obterem um rendimento.

4.4 Análise qualitativa

Neste caso, os dados são analisados com base na opinião pessoal, nas experiências e nas crenças de uma pessoa.

4.4.1 Facilidades de crédito insuficientes

Cerca de 82% dos inquiridos concordaram com a afirmação de que a falta de instalações reconhecidas está a impedir o crescimento do sector da horticultura. Apenas 18% concordaram que o crédito inadequado afectou o crescimento das culturas hortícolas. A maioria dos inquiridos afirmou que não podia comprar equipamento agrícola moderno, pelo que a sua produção era baixa. O quadro seguinte apresenta uma análise das respostas dos inquiridos sobre a questão dos factores de produção inadequados.

Quadro 4.6 Respostas sobre facilidades de crédito insuficientes

	Frequency	Percentage
I Strongly Agreed	56	82
I Agree	12	18
I Strongly Disagree	0	0
I Disagree	0	0
Am Neutral	0	0
Total	**68**	**100**

Fonte: autor, (2016)

Fig. 4.6 Reação a oportunidades de crédito insuficientes

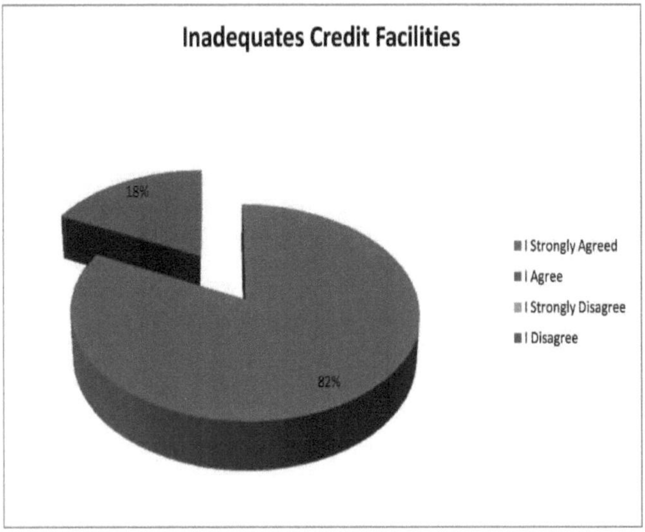

Fonte: autor, (2016)

4.4.2 Margem de lucro reduzida

A maioria dos inquiridos (47%) discordou de que uma margem de lucro baixa afecta o crescimento da horticultura. 18% dos inquiridos concordaram que uma margem de lucro baixa tem algum impacto no crescimento da horticultura. 15% dos inquiridos concordaram plenamente que uma margem de lucro baixa afecta o desempenho do sector da horticultura e 11% discordaram. A maioria dos agricultores entrou na atividade agrícola com muito otimismo, com o objetivo de obter lucros utilizando todas as suas poupanças ou empréstimos.

empréstimos. Neste caso, registam perdas, o que os desencoraja de continuar a atividade agrícola, e alguns são mesmo leiloados pelas instituições financeiras para recuperar o empréstimo.

	Frequency	Percentage
I Strongly Agreed	10	15%
I Agree	12	18%
I Strongly Disagree	32	47%
I Disagree	8	11%
Am Neutral	6	9%
Total	**68**	**100**

Quadro 4.7 Resposta a uma margem de lucro reduzida

Fonte: autor, (2016)

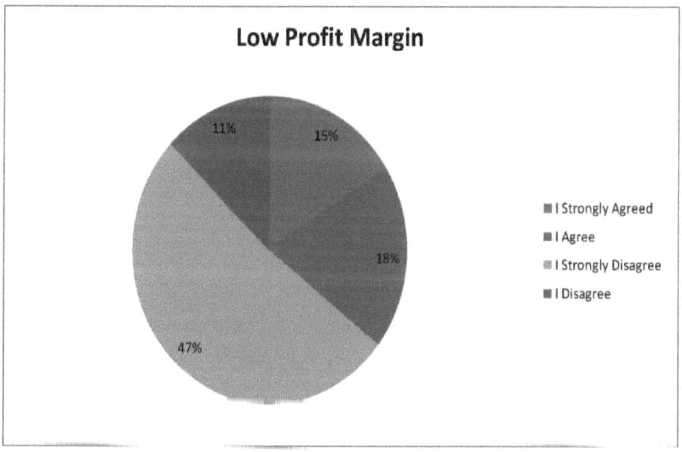

Fig. 4.7 Reação a uma margem de lucro reduzida

Quadro 4.8 Resposta ao capital inicial

	Frequency	Percentage
I Strongly Agreed	58	85%
I Agree	8	12%
I Strongly Disagree	2	3%
I Disagree	0	0%
Am Neutral	0	0%
Total	**68**	**100**

Fonte: autor, (2016)

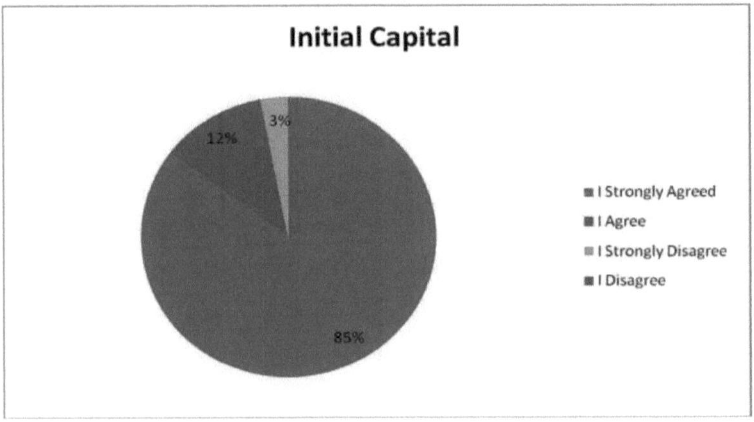

Fig. 4.8 Reação ao capital inicial

Fonte: autor, (2016)

4.4.3 Perceção da agricultura

A maioria dos inquiridos, 71%, discordou de que a perceção do sector agrícola é um dos contratos sociais que impedem o crescimento da horticultura. 13% também discordaram, 9% concordaram totalmente e 4 concordaram que a perceção da agricultura dificulta o seu crescimento. A maioria afirmou que a perceção inicial da agricultura prejudicava a atividade agrícola, mas muitos agricultores que investiram na agricultura moderna conseguiram viver com sucesso e educar os seus filhos. Este facto levou as pessoas a encarar a agricultura como qualquer outra forma de emprego.

Quadro 4.9 Respostas sobre a perceção da agricultura

Fonte: autor, (2016)

	Frequency	Percentage
I Strongly Agreed	6	9%
I Agree	3	4%
I Strongly Disagree	48	71%
I Disagree	9	13%
Am Neutral	2	3%
Total	**68**	**100**

Fig. 4.9 Respostas sobre a perceção da agricultura

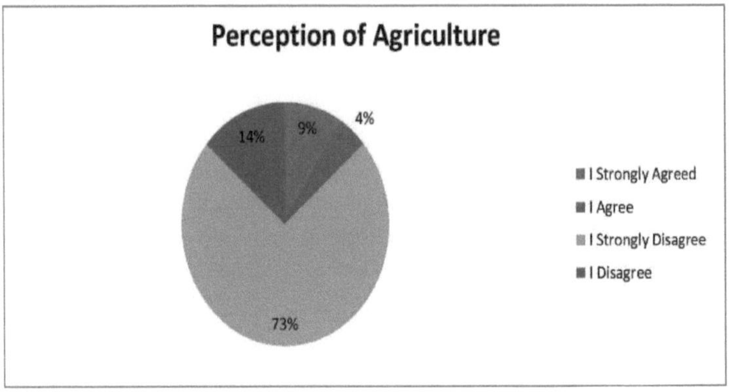

Fonte: autor, (2016)

4.4.5 Falta de maturidade do mercado

A falta de oportunidades de venda é um dos factores que impedem o crescimento da horticultura. A maioria dos inquiridos (70%) concordou fortemente com esta afirmação, seguida de 18% que concordaram. 6% dos inquiridos discordaram fortemente e concordaram que a falta de mercados não tem impacto no crescimento da agricultura. A maioria dos inquiridos afirmou que a falta de um mercado pronto os prejudica porque, por vezes, obriga-os a vender os seus produtos a um preço de saldo, uma vez que a oferta excede a procura, forçando-os a recorrer a corretores.

Quadro 4.10 Respostas sobre a falta de um mercado pronto

	Frequency	**Percentage**
I Strongly Agree	48	70%
I Agree	12	18%
I Strongly Disagree	4	6%
I Disagree	4	6%
Am Neutral	0	0%
Total	**68**	**100**

Fonte: autor, (2016)

Fig. 4.10 Resposta à falta de um mercado pronto

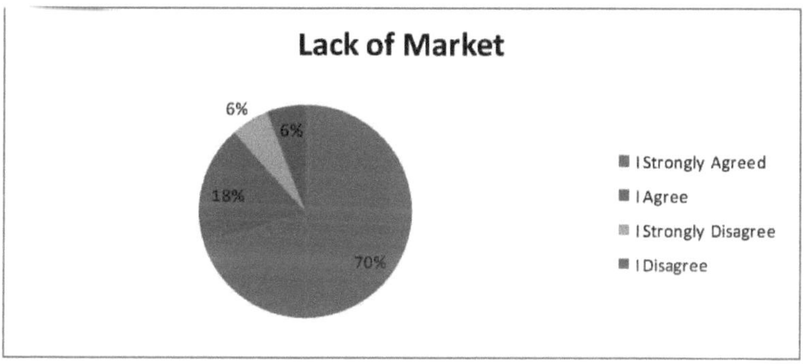

Fonte: autor, (2014)

4.4.6 Não rentabilidade da agricultura

67% dos inquiridos discordaram fortemente de que a falta de rentabilidade do sector agrícola é um dos factores que impedem o seu crescimento.

18% concordaram, 7% concordaram fortemente e 4% concordaram que a natureza não-lucrativa da agricultura tem algum impacto no seu crescimento. A maioria disse que a agricultura se torna lucrativa, especialmente para os agricultores que investiram em tecnologia moderna, porque fornecem produtos de qualidade quando as estações para os produtos agrícolas têm um bom mercado, especialmente quando a procura excede a oferta.

Quadro 4.11 Respostas sobre o carácter não lucrativo da agricultura

	Frequency	**Percentage**
I Strongly Agreed	5	7%
I Agree	3	4%
I Strongly Disagree	45	67%
I Disagree	12	18%
Am Neutral	3	4%
Total	**68**	**100**

Fig. 4.11 Resposta ao carácter não lucrativo da agricultura

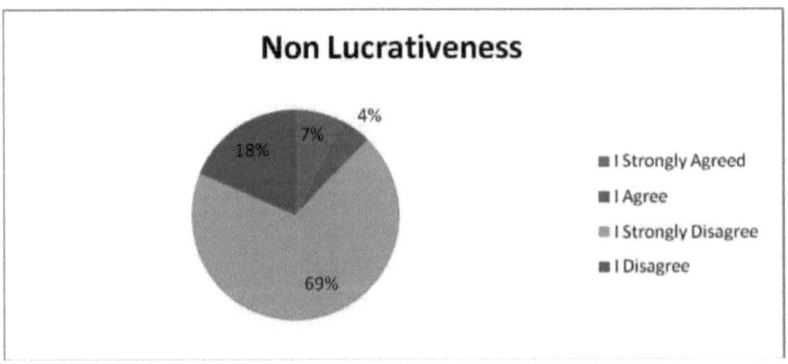

4.4.7 Terrenos não utilizados

Os terrenos não utilizados ao longo do lago são um dos principais factores que afectam a horticultura. 78% dos inquiridos concordaram fortemente e 14% concordaram. 4% dos inquiridos discordaram e discordaram fortemente. A maioria afirmou que tal se devia à falta de capital para iniciar a atividade agrícola.

Quadro 4.12 Resposta à insuficiência de terrenos

	Frequency	Percentage
I Strongly Agreed	53	78%
I Agree	9	14%
I Strongly Disagree	3	4%
I Disagree	3	4%
Am Neutral	0	0%
Total	**68**	**100**

Fonte: autor, (2016)

Fig. 4.12 Reação à insuficiência de terras

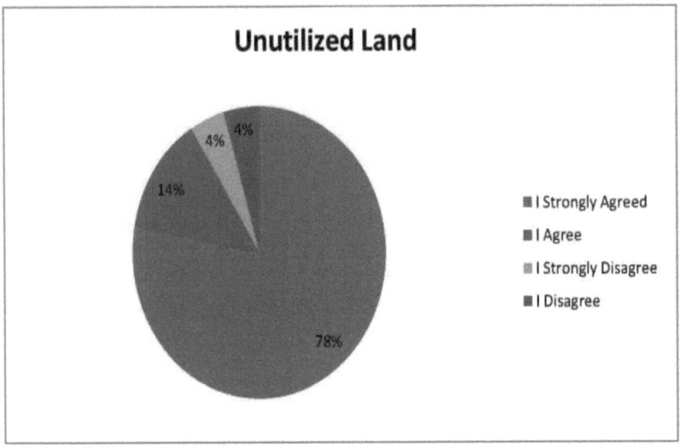

Fonte: autor, (2016)

4.4.8 Perda contínua de colheitas

54% dos inquiridos concordaram fortemente que a persistência de más colheitas está a afetar o crescimento da agricultura, enquanto 18% dos inquiridos consideraram que a persistência de más colheitas não é um dos factores que estagnam o crescimento da horticultura. A maioria afirmou que tudo isto tem impacto nos novos agricultores, que esperam uma boa colheita e acabam por não corresponder às suas expectativas, pelo que se sentem desencorajados pelas más colheitas a continuar a cultivar.

Quadro 4.13 Resposta à quebra de safra contínua

	Frequency	**Percentage**
I Strongly Agreed	12	19%
I Agree	8	12%
I Strongly Disagree	37	54%
I Disagree	7	10%
Am Neutral	4	6%
Total	**68**	**100**

Fonte: autor, (2016)

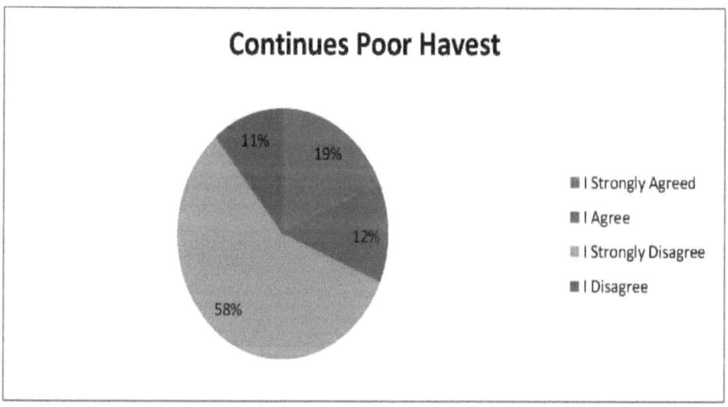

Fig. 4.13 Reação a colheitas persistentemente más

Fonte: autor, (2016)

4.4.9 Falta de conhecimentos agrícolas básicos

A falta de conhecimentos agrícolas básicos foi um dos factores que impediram o crescimento da horticultura. 66% dos inquiridos concordaram fortemente e 12% discordaram fortemente. 7% dos inquiridos concordaram que os conhecimentos agrícolas básicos tinham algum impacto no crescimento do sector da horticultura. Este foi um dos factores que levou a colheitas fracas e a uma baixa produção de produtos agrícolas.

Quadro 4.14 Respostas sobre a falta de conhecimentos agrícolas básicos

	Frequency	Percentage
I Strongly Agreed	45	66%
I Agree	7	10%
I Strongly Disagree	8	12%
I Disagree	6	9%
Am Neutral	2	3%
Total	**68**	**100**

Fonte: autor, (2016)

Fig. 4.14 Respostas sobre a falta de conhecimentos agrícolas básicos

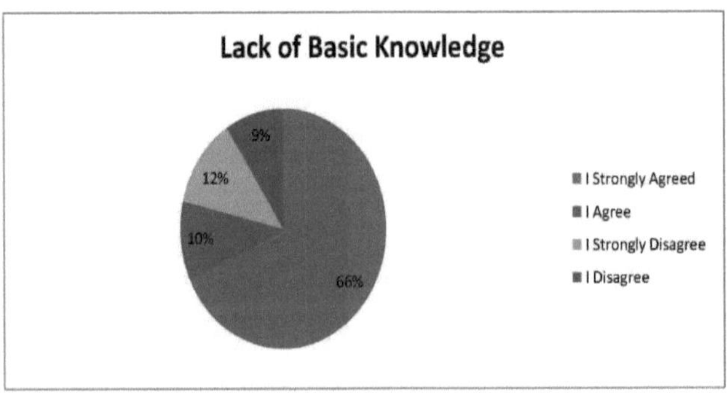

Fonte: Autor, (2016).

CAPÍTULO 5
RESUMO DOS RESULTADOS, CONCLUSÕES E RECOMENDAÇÕES

5.1 Introdução

O objetivo deste estudo foi analisar os factores que influenciam o crescimento do sector hortícola no Quénia (estudo de caso do distrito de Rarieda no Lago Vitória). Este capítulo tem como principal objetivo resumir os resultados, as conclusões e as recomendações do estudo.

5.2 Resumo das conclusões

5.2.1 Informações demográficas

A maioria dos inquiridos eram homens, com uma taxa de resposta de 65%, em comparação com as mulheres, com uma taxa de 35%. A maioria dos inquiridos tinha 45 anos ou mais, o que corresponde a 50%, seguido dos 36 a 45 anos, com 20%. Isto significa que a maioria dos agricultores era de meia-idade, mas não os jovens. A análise mostrou que a maioria dos inquiridos trabalha na agricultura entre 0 e 6 anos, o que representa 59%. O resumo significa, essencialmente, que todos os inquiridos eram 59% do grupo das quatro patas, seguidos de 23% de pessoas que abandonaram a escola primária.

5.2.2 Condicionalismos económicos Factores

Cerca de 82% dos inquiridos concordaram com a afirmação de que a falta de facilidades de crédito impedia o crescimento do sector hortícola. Apenas 18% concordaram que a insuficiência de facilidades de crédito prejudicou o crescimento do sector hortícola.

A maioria dos inquiridos, 47%, considera que uma margem de lucro baixa não tem qualquer impacto no crescimento da horticultura. 18% dos inquiridos concordam que uma margem de lucro baixa tem algum impacto no crescimento da horticultura. 15% dos inquiridos concordaram fortemente que as margens de lucro baixas afectam o desempenho do sector da horticultura e 11% discordaram.

85% dos inquiridos concordaram fortemente que o capital inicial é um dos factores económicos que impedem o crescimento do sector da horticultura, 12% concordaram e apenas 3% discordaram que não é um dos factores mais importantes que afectam o crescimento da horticultura.

5.2.3 Factores do contrato social

A maioria dos inquiridos, 71%, discordou que a perceção do sector agrícola é um dos contratos sociais que impedem o crescimento da horticultura. 13% também discordaram, 9% concordaram fortemente e 4 concordaram que a perceção da agricultura está a impedir o seu crescimento.

A falta de oportunidades de venda foi um dos factores que impediu o crescimento da horticultura. A maioria dos inquiridos (70%) concordou fortemente com esta afirmação, seguida de 18% que concordaram. 6% dos inquiridos discordaram fortemente e concordaram que a falta de mercados não tem impacto no crescimento da agricultura.

67% dos inquiridos discordaram de que a falta de rentabilidade do sector agrícola é um dos factores que impedem o crescimento, 18% concordaram. 7% concordaram plenamente e 4% concordaram que a falta de rentabilidade da agricultura tem algum impacto no crescimento.

5.2.4 Factores ambientais do contrato

As terras não utilizadas ao longo do lago são um dos factores mais importantes que impedem a agricultura. 78% dos inquiridos concordaram fortemente e 14% concordaram. 4 % dos inquiridos não concordaram de todo.

54% dos inquiridos discordaram que as más colheitas prolongadas estão a afetar o crescimento da agricultura, enquanto 18% dos inquiridos concordaram que as más colheitas prolongadas são um dos factores que estagnam o crescimento da horticultura.

A falta de conhecimentos agrícolas básicos foi identificada como um dos factores que impedem o crescimento da horticultura. 66% dos inquiridos concordaram fortemente e 12% discordaram fortemente. 7% dos inquiridos concordaram que os conhecimentos agrícolas básicos têm alguma influência no crescimento do sector hortícola.

5.3 Conclusão

5.3.1 Informações demográficas

A maioria dos inquiridos eram homens, com uma taxa de resposta de 65%, em comparação com as mulheres, com uma taxa de 35%. Isto indica que as mulheres estavam mais interessadas na venda de produtos agrícolas do que na agricultura propriamente dita.

A maioria dos inquiridos eram agricultores de meia-idade, em comparação com os jovens. A falta de incentivos e o trabalho árduo são algumas das razões que explicam o desinteresse dos jovens pela atividade agrícola, bem como o êxodo rural, ou seja, a migração da aldeia para a cidade. Por último, os jovens preferem também os empregos de colarinho branco, que lhes permitem vestir-se de forma impressionante.

5.3.2 Condicionalismos económicos Factores

Cerca de 82% e 85% dos inquiridos concordaram fortemente que a falta de facilidades de crédito e a falta de capital de arranque, respetivamente, impedem o crescimento da horticultura. A falta de capital e de crédito significa que os agricultores não compram boas sementes, fertilizantes, maquinaria agrícola simples e película para estufas. Isto levou a que os agricultores recorressem a equipamento agrícola de má qualidade, em vez de utilizarem maquinaria agrícola moderna, como cultivadores, charruas e cultivadores.

5.2.3 Factores do contrato social

A falta de oportunidades de venda foi um dos factores que impediu o crescimento da horticultura. A maioria dos inquiridos, 70%, concordou fortemente com esta afirmação. Muitos agricultores afirmaram que a falta de um mercado pronto aumentou as actividades dos intermediários que compram os produtos agrícolas das suas explorações a preços baixos, desencorajando-os assim. As culturas perecíveis, como os tomates, os pimentos e as couves, são afectadas pela procura de mercado

As terras não utilizadas ao longo do lago são um dos factores mais importantes que afectam a agricultura. 78% dos inquiridos concordaram fortemente com esta afirmação. A terra é um dos factores mais importantes que afectam a produção agrícola. Os padrões prevalecentes de propriedade da terra têm um impacto negativo na utilização agrícola, uma vez que a maior parte da terra ao longo do lago não é cultivada porque os proprietários não têm o capital inicial necessário para a agricultura, deixando a terra em pousio.

A falta de conhecimentos agrícolas básicos foi um dos factores que impediram o crescimento da horticultura. 66% dos inquiridos concordaram fortemente com este facto. A maior parte dos agricultores não recebeu formação adequada sobre os aspectos técnicos dos produtos agrícolas, pelo que não pôde utilizar os fertilizantes e insecticidas corretos e nem sequer utilizar o novo equipamento agrícola.

5.4 Recomendações

O governo deve oferecer incentivos aos jovens e às mulheres para os encorajar a dedicarem-se à horticultura, de modo a que a agricultura não seja deixada aos agricultores mais velhos e envelhecidos. O governo e as organizações não governamentais devem iniciar programas de incentivo que ofereçam capital e empréstimos aos agricultores, para que estes tenham dinheiro suficiente para investir na agricultura e comprar equipamento agrícola moderno. Para resolver o problema da falta de mercado, tanto o governo nacional como os governos regionais devem garantir que todos os agricultores tenham acesso a informações sobre o mercado, tanto no estrangeiro como no nacional. A falta de mercados também pode ser resolvida através da criação, pelos governos estaduais, de unidades de transformação para processar os excedentes de produtos agrícolas e aumentar o valor desses produtos. Por último, ambos os governos devem introduzir políticas que não deixem terras por utilizar, especialmente em zonas onde se pode praticar a horticultura, e fornecer capital de arranque aos agricultores para que invistam e cultivem nessas terras não utilizadas.

5.4.1 Informações demográficas

O governo deve incentivar os jovens e as mulheres a dedicarem-se à agricultura, para que esta não seja deixada aos agricultores mais velhos e envelhecidos. Tal conduziria a uma maior produção de alimentos e a uma menor segurança alimentar no país e tornaria os excedentes disponíveis para exportação.

5.4.2 Condicionalismos económicos Factores

O governo e as organizações não governamentais iniciaram programas que podem fornecer capital e empréstimos aos agricultores, para que estes tenham dinheiro suficiente para investir na agricultura e comprar tecnologias agrícolas modernas, como estufas, tubos de irrigação gota a gota e boas sementes. Estas iniciativas de empréstimos agro-vijana deveriam ser plenamente implementadas para conceder empréstimos aos jovens agricultores.

5.4.3 Factores do contrato social

Falta de preparação para o mercado Tanto o governo nacional como os governos dos condados devem garantir que todos os agricultores tenham acesso a informações sobre o mercado através da utilização da Internet para procurar oportunidades de venda no estrangeiro. Programas como as zonas WiFi gratuitas podem permitir que os agricultores procurem oportunidades de mercado para os seus produtos no estrangeiro. A falta de pontos de venda também pode ser resolvida através da criação, pelo governo do país, de unidades de transformação para processar os excedentes de produtos agrícolas e aumentar o valor desses produtos. Boas estradas e instalações de armazenamento ajudarão os agricultores a transportar atempadamente os seus produtos perecíveis para o mercado.

5.3.4 Factores ambientais do contrato

O governo deveria introduzir uma política em que a terra não fosse deixada sem uso, especialmente em áreas onde a horticultura pode ser praticada. O governo e as ONG deveriam tentar introduzir programas educativos para os agricultores, de modo a que estes saibam como utilizar os fertilizantes, os insecticidas e o novo equipamento agrícola. Tudo isto conduziria a uma baixa produtividade agrícola.

Referências

1. Adekunle O.A., L.L. Adefalu, F.O. Oladipo, R.S. Adisa, and A.D. Fatoye (2009), *Constraints to youth involvement in agricultural production in kwara state, Nigeria,* Journal of agricultural extension,

2. Adesope, O.M. (1996), *Evaluation of Youths Participation in Community Development Projects in River State, Nigéria.* Tese não publicada, Departamento de Economia Agrícola e Extensão, Universidade Federal de Tecnologia.

3. Bogue, D., (1969), *Principles of Demography*, Wiley, Nova Iorque

Bryman, A. (2001). *Methods of social research.* Grã-Bretanha. Oxford University Press.

4. Cooper D. R., & Schindler, P. S. (2006). [01]*Methods of Economic Research (10* Ed.). Illinois: McGraw-Hill.

5. FAC, (2011) *Future Framers: Exploring Youth Aspirations of African Agriculture Future.*

6. Harris, J. R. e M. P. Todaro (1970), *Migration, unemployment and development: A two sector analysis*, American Economic Review.

7. FIDA (2011), *Feeding future generations - Young rural people today, prosperous farmers tomorrow,* painel de discussão plenário, 34.ª sessão do Conselho Diretivo, Roma.

8. Jong-Dae P. (2012), *Uganda's Rural Transformation lies in Community,* Based Agriculture. Rural Development, Daily Monitor.

9. Lewis W. (1954), *Economic development with an unlimited supply of labour,* The Manchester School.

10. Mbeine E. (2012), *How can we attract the Ugandan Youth to Agriculture,* FIT Uganda Ltd.

11. Mugenda A. G. (2008). *Investigação em ciências sociais: teoria e princípios.* Nairobi: ARTS Press.

12. Nnadi F.N. e C.D. Akwiwu (2008), *Determinants of Youths' Participation in Rural Agriculture in Imo State, Nigeria,* Journal ofApplied Sciences.

13. Sharma A (2007), *The changing agricultural demography of India: Evidence from a rural youth perception survey.* International Journal of Rural Management.

14. Suriname, V.L. (2011), *Youth in Agriculture-Challenges and Opportunities.*DM Infor.www. caricom.org/youth/Youth in Agriculture Concept Note.

15. Youth farming (2011), 15 Reason Youth in Africa do not like career in Agriculture.

Índice

MIX
Papier aus verantwortungsvollen Quellen
Paper from responsible sources
FSC® C105338

Printed by Books on Demand GmbH, Norderstedt / Germany